RÉSUMÉ

DES COURS

D'HISTOIRE NATURELLE.

RÉSUMÉ

DES COURS

D'HISTOIRE NATURELLE,

A L'USAGE DES ÉLÈVES DE *MENPENTI*.

Cinquième année.

COURS DE BOTANIQUE.

Celui-là seul est digne du nom de Botaniste, qui répand utilement le fruit de la science dans la société des hommes et sait leur apprendre que le règne végétal est une source intarissable des bienfaits du Créateur.

JOLYCLERC, *Système sex. de Linnée.*

MARSEILLE,
IMPRIMERIE DE MARIUS NICOLAS,
Place Saint-Louis, 5.

1837.

Aux Elèves de Menpenti.

Messieurs,

Je n'aspire pas au titre d'auteur : le public m'est étranger. C'est à vous que j'ai consacré mes jours, c'est à vous aussi que j'offrirai mes travaux. Le temps est précieux, surtout dans la jeunesse, pendant laquelle toutes les impressions sont profondes. Eh bien ! les résumés d'histoire naturelle que je vous présente me dispenseront de vous faire des dictées, qui consument beaucoup de temps, et ils vous procureront l'avantage de pouvoir les rédiger avec plus de facilité et de correction. Par ce moyen, le temps sera économisé, et les cours vous seront plus utiles. C'est mon but : appréciez l'intention de celui qui vous porte dans son cœur.

H. V.

RÉSUMÉ

DES

COURS DE BOTANIQUE,

A l'usage des Elèves de Menpenti.

INTRODUCTION.

PREMIÈRE CLASSE.

Nous avons déjà observé que les anciens avaient divisé tous les corps qui se trouvent dans la nature en trois classes, qu'ils appelèrent *règnes :* le règne minéral embrassait tout ce qui a rapport aux pierres, aux métaux, aux sels, aux cristaux, etc.; le règne végétal renfermait sous son domaine les arbres, arbustes, et les moindres végétaux, depuis le cèdre jusqu'à l'hyssope ; enfin, toute l'échelle animale, depuis l'homme jusqu'aux animalcules, aux infusoires, formait le règne animal.

Ces trois règnes, qui d'abord semblent devoir porter des caractères bien tranchés, ne se distinguent pas toujours facilement. Tous les êtres que Dieu a créés forment une vaste chaîne dont l'homme occupe le sommet, et le grain de sable qu'il foule sous ses pieds ou l'air qu'il respire forment les derniers chaînons. Dans cette chaîne merveilleuse sont renfermés les trois règnes, et, soit que l'on procède ou par une progression ascendente ou par une progression descendante, la transition est si peu sensible, que les anciens ne l'ont souvent pas aperçue. De là, que de méprises sont encore consignées dans des écrits publiés jusques dans le siècle dernier, même par des hommes d'un mérite bien avéré ! Ainsi a-t-on cru que les stalactites, les dendrites, le flosferri, etc., étaient des végétaux pierreux ; que les coraux, madrépores, corallines étaient des plantes marines ; que les moisissures étaient des dépôts informes des miasmes de l'air ou des produits de la fermentation des corps sur lesquels elles se fixaient : tandis qu'il est avéré que ce sont des végétaux, etc. On peut donc confondre le règne minéral avec le règne végétal, et celui-ci avec le règne animal. Bien d'autres analogies peuvent encore rapprocher ces trois règnes, même en faisant abstraction des formes.

Les minéraux croissent. — Les végétaux croissent, vivent et ont de la sensibilité. — Les animaux croissent, vivent, sentent et ont un mouvement volontaire.

La manière de croître de ces corps n'est pas la même : les minéraux croissent par *juxta-position*, c. à. d. que des molécules nouvelles venant se grouper sur les anciennes, le corps augmente de volume ; les végétaux et les animaux croissent par *intus-susception*, c. à. d. que, par des organes particuliers, ils absorbent dans leur intérieur des substances qui sont élaborées, et qui prenant la nature du corps qui les a reçues, produisent son accroissement.

Ce sont ces considérations qui ont déterminé les modernes à ne faire de tous les corps que deux grandes divisions : corps *inorganiques* et corps *organiques*. Ce qui composait le règne minéral reçoit une dénomination plus précise, en prenant la première ; les plantes et les animaux sont compris dans la seconde, puisque les uns et les autres vivent et ne se développent que par le secours des organes. (Exposer l'analogie entre les organes de développement des végétaux et ceux des animaux.)

Les minéraux n'ont pas de vie : qu'on les brise, qu'on les broie, leur nature n'est pas altérée : le plus petit échantillon est un individu aussi complet qu'une haute montagne. Les végétaux et les animaux, au contraire, éprouvent la plus grande altération, lorsque les organes qui entretiennent la vie en eux cessent de remplir leurs fonctions. La nourriture des plantes et des animaux diffère essentiellement : les plantes ne se nourrissent que de corps pris dans le règne minéral ; les animaux vivent de substances végétales ou animales, quelquefois des unes et des autres. Ainsi, les végétaux changent, dans leurs organes, la matière brute en matière organisée, tandis que les animaux ne peuvent vivre de corp inorganiques qu'après être devenus organique en s'incorporant aux végétaux. Les plantes on de la sensibilité. Ce caractère n'est pas très-app rent dans toutes les plantes ; mais dans un gran nombre, il est impossible de le méconnaître Voyez, par exemple, la timide sensitive *(mimos pudica)* fuir sous les doigts de l'homme e replier ses délicates grappes de folioles, sitôt qu le moindre attouchement vient effaroucher s craintive pudeur. D'autres, emblêmes de la mo destie, redoutent les éclatants rayons du soleil e attendent le déclin du jour pour ouvrir leu corolles et étaler leurs brillantes parures ; telle sont : la belle de nuit *(mirabilis jalappa)*, l cactus grandiflore *(cactus grandiflorus)*, etc Celles-ci, au contraire, ferment leur corolle pe dant la nuit, pour l'épanouir encore au lever d soleil ; v. g. les mesembrianthemum *(les cheve lures de Venus)*, les malvacées *(la mauve)*, le lisérons *(convolvulus)*, courrigeole des Toulon nais. Dans celles-là, ce sont les feuilles qu donnent des signes de cette sensibilité ; v. g. le mimosa, l'acacia, le cassyer *(mimosa suaveo lens)*, le trèfle *(trifolium)*, etc.

Il n'y a que les animaux qui puissent se mou voir selon leur volonté. Ils sont tous pourvu d'organes de préhension, pour saisir les objet dont ils doivent se nourrir, même les animau qui meurent sur l'endroit qui les a vus naître, v. g. les huîtres, les balanes, etc., ont des cirrhes qui leur servent de bras, au moyen desquels ils saisissent leur proie. Les plantes n'ont pas besoin de ce mouvement, puisqu'elles trouvent leur nourriture dans la terre ou dans l'atmosphère, et qu'elles n'ont pas le choix de leurs aliments.

Bien d'autres rapports font comprendre l'analogie qu'il y a entre les végétaux et les êtres les plus bas placés dans l'échelle animale ; quel rapprochement, par exemple, entre la graine et l'œuf de la chenille? entre l'arbre que l'on émonde, et le crustacé qui repousse un membre que l'on a coupé? entre un ceps de vigne morcelé que l'on pique en terre, dont chaque morceau devient un nouveau plant de vigne, et le poulpe, dont chaque gemme séparé devient le principe d'un autre poulpe?

Les mêmes éléments chimiques composent les végétaux et les animaux dans des proportions bien différentes : ainsi, dans les végétaux, le carbone domine ; dans les seconds, c'est l'azote. La raison est, que la respiration se fait d'une manière inverse, et qu'en outre, les végétaux n'ont ni muscles, ni nerfs, principales sources de l'azote.

Toutes ces analogies et ces rapprochements disparaissent quand on veut comparer les individus les plus nobles de chaque série.

DEUXIÈME CLASSE.

ÉLÉMENTS DE BOTANIQUE.

PREMIÈRE PARTIE.

Anatomie et Physiologie végétales, ou Botanique générale.

CHAPITRE PREMIER.

HISTOIRE DE LA BOTANIQUE.

La Botanique (βοτανικος) est la science qui traite des plantes ; elle constituait le règne végétal. Son origine est toute moderne : les écrivains anciens et ceux du moyen-âge se sont bornés à nous transmettre une suite de noms de plantes, en signalant quelques-unes de leurs propriétés médicales ; mais les phénomènes de l'anatomie et de la physiologie leur furent inconnus. Le hasard ou le besoin leur avait fait connaître quelques faits importants, mais ils n'avaient pas songé à les expliquer. Pline et Théophraste savaient que la poussière des palmiers fécondait les fleurs des palmiers qui portaient des fruits, mais ils ne s'étaient pas douté du principe général de la fécondation des plantes ; ils connaissaient la greffe, ils en ignoraient la cause.

Ce ne fut qu'à la fin du XVIe siècle, que Camérarius, par des observations et des expériences suivies, prouva l'existence des sexes dans les plantes. Au commencement du XVIIIe siècle, Geoffroy et Vaillant confirmèrent cette vérité par d'autres observations; mais elle ne resta connue qu'à un petit nombre d'adeptes. Linnée parut enfin; il lui donna une telle extension, en la prenant pour base de son système de Botanique, qu'il est regardé comme l'auteur de cette importante découverte.

D'autres naturalistes répandirent une vive lumière sur plusieurs autres parties de l'organisation végétale. Daubenton fit de riches découvertes sur l'organisation des tiges, Hales sur la force de succion des plantes, Bonnet sur l'usage des feuilles. Desfontaines jeta les premiers fondements de l'anatomie comparée des végétaux; quelques observateurs s'occupèrent des épines, des poils, des excroissances, etc. Enfin, Linnée, Décandolle, etc., firent des observations curieuses sur le développement des végétaux, leur irritabilité, et sur leur sommeil. En exposant le système de Tournefort, nous pourrons apprécier les services importants que ce savant a rendus à la science et combien il a favorisé ses progrès.

Sans l'étude approfondie des phénomènes que nous venons de signaler, la Botanique ne serait point une science philosophique : ce serait une vaine et aride nomenclature de noms qui surchargeraient la mémoire sans rien dire à l'esprit. Or, comme dans ce cours notre but est surtout de nous occuper de la partie philosophique sur laquelle repose la Botanique, et qu'il vous sera toujours facile de grouper de nouvelles plantes à celles qui vous seront déjà bien connues, nous nous occuperons spécialement de l'anatomie et de la physiologie végétales dans la première partie de ce cours. Dans la seconde, nous exposerons les systèmes les plus célèbres de Botanique, et nous leur donnerons tout le développement convenable, surtout à celui de Jussieu. En désignant tous les genres et les espèces les plus usitées dans les arts, en médecine, dans l'économie rurale et domestique, nous signalerons l'emploi surtout des espèces qui se trouvent dans la Provence.

CHAPITRE SECOND.

ORGANES DES VEGETAUX.

L'anatomie est l'étude des divers organes qui concourent à constituer un végétal. La physiologie a pour but la connaissance des fonctions de chacun de ces organes. Les organes des végétaux sont ou élémentaires ou composés. Les premiers sont ceux qui concourent à la formation des autres.

ARTICLE PREMIER. — *Organes élémentaires.*

Les organes élémentaires sont : les *Utricules* ou *Cellules*, les *Fibres* et les *Tubes* ou *Vaisseaux*.

Utricules.—Les utricules peuvent être considérées comme le principe des autres organes élémentaires ; elles constituent en se propageant un tissu appelé *tissu cellulaire*. On peut comparer sa forme aux rayons des ruches d'abeille. Ce tissu se trouve dans toutes les parties d'une plante ; mais il est plus abondant dans celles qui sont tendres et charnues, telles que les feuilles, les racines, les jeunes pousses, la moëlle et les fruits. Si l'on coupe en travers une tranche de fruit fort mince, non seulement à l'aide du microscope, mais à la loupe, on apercevra ces utricules. Le tissu cellulaire n'a pas de fibres et se laisse déchirer en tous sens ; il a de plus la faculté d'absorber facilement les liquides, parce qu'il est spongieux ; et si on le laisse dans l'eau, il s'altère bientôt et se réduit en une espèce de mucilage. Les riches corolles ne sont que des lames minces du tissu cellulaire, que la moindre pression réduit en mucilage.

Fibres. — Les fibres sont des filets ordinairement assez difficiles à rompre et qui forment la charpente de la plante pour l'empêcher d'être brisée au moindre choc, et pour protéger les autres organes élémentaires : leur réunion forme le *tissu fibreux,* dont la disposition est toujours dans le sens longitudinal de la plante. Elles se groupent parallèlement autour des végétaux. C'est ce qui explique pourquoi on refend avec plus de facilité une branche dans sa longueur, que l'on n'aurait pu la partager par son milieu. Dans le premier

cas, on ne fait que séparer les fibres, dans l
cond, on tend à les rompre. Le tissu fibre
trouve principalement dans le bois. Exam
une planche de sapin, une canne à sucre
pée en long; les filets longitudinaux qui ont
de dureté que le reste, sont les fibres. Ce tiss
trouve aussi dans l'écorce, dans les nervures
feuilles. Dans quelques plantes, les fibres se
chent facilement avec quelques préparation
sont employées à des tissus; v. g. le chan
(*cannabis sativa*), canebe; le lin (*linum*), le
nêt (*genista juncea*), le mûrier (*morus alba*),
Ces fibres sont appelées *textiles*.

Tubes ou *Vaisseaux*. — Les tubes ou vaisse
sont par rapport aux plantes ce que sont par r
port aux animaux les vaisseaux lymphatiques
veines et les artères, etc. Ils sont destinés à po
dans toute la plante les sucs qui sont particulie
chaque partie de la plante, après les avoir éla
rés. Ainsi les uns transportent la sève depui
racine jusqu'au sommet de la tige, d'autres
reportent au point du départ, ceux-ci conti
nent les sucs propres, qui sont ou oléagineux,
résineux, etc.

Parmi ces vaisseaux, quelques-uns ont le
parois découpées en lames brillantes et roul
en spirales comme un serpentin; on les nom
trachées: ce sont les organes de la respiratio
Ils sont surtout nombreux autour du canal m
dullaire. Si l'on suit leur marche, on les voit n

tre dans la racine, traverser le collet, s'élancer dans la tige et se distribuer par une multitude de ramifications, comme les veines et les artères se distribuent dans le corps humain.

A peine l'embryon est-il formé, que déja on les aperçoit. Dans l'enfance du végétal, ils ne peuvent être cachés par le bois, qui n'existe pas encore. La substance qui doit les produire est encore dans un état de fluidité qui permet à l'observateur d'examiner les parties qu'ils recouvrent.

Ces organes élémentaires laissent souvent entre eux des intervalles que l'on appelle *lacunes* ou *méats*. Ils sont réguliers et symétriques, et proviennent du déchirement des membranes. Les méats n'existent ordinairement que dans les plantes dont le tissu est lâche.

Ils paraissent surtout à travers beaucoup de plantes monocotylédones.

On n'en voit pas dans l'embryon, parce que ces déchirements sont une désorganisation qui ne peut avoir lieu dans un être qui commence à vivre.

TROISIÈME CLASSE.

ARTICLE DEUXIÈME. — *Organes complexes.*

Les divers organes simples que nous venons d'exposer concourent à former toutes les parties des plantes ; il en résulte donc de nouveaux organes que l'on a appelés *complexes*. Les organes simples ne se présentent pas instantanément dans ces nouveaux organes ; mais ils se manifestent à mesure que le végétal se développe.

Pour bien déterminer les organes complexes, suivons l'accroissement périodique de la plante, depuis le moment qu'elle germe, jusqu'à celui qu'elle donne des graines pour se reproduire.

Graine.—Les graines fécondées, qui sont pour le règne végétal ce que sont les œufs pour le règne animal, sont formées d'une ou plusieurs enveloppes recouvrant un embryon accompagné de l'albumen, qui servira de première nourriture à la plantule. Sans la fécondation, la graine se dessèche avant d'avoir acquis son développement. Sur l'enveloppe extérieure de toute graine, on voit une cicatrice (*fig.* 1, pl. 2) : c'est l'ombilic par lequel la plante-mère nourrissait l'embryon attaché au placenta. La forme des graines varie à l'infini : lisse dans le haricot (*phaseolus*), raboteuse dans les épinards (*spinacia oleracea*), ailée dans le tilleul (*tilia europea*), velue dans le cognassier (*cydonia*), épineuse dans le châtaignier (*fagus castanea*), avec des aigrettes dans le barbe-bouc (*tragopogon pratense*), etc.

La conservation de la graine dépend de sa nature ; ainsi les oléagineuses, c. à. d. celles qui contiennent beaucoup d'huile, doivent être semées promptement, parce que l'huile qu'elles contiennent devient rance et détruit la plantule ; les farineuses, au contraire, peuvent se conserver des siècles. «On a vu, dit Brisseau-Mirbel, après la destruction d'anciens monuments, les ruines se couvrir de plantes étrangères aux terrains environnants, sans qu'on pût soupçonner l'origine de ces nouvelles productions ; mais, avec plus de connaissance des lois de la germination, on aurait tiré de ce fait la seule conjecture probable, savoir : que le ciment de l'édifice détruit contenait quelques graines parfaitement conservées, lesquelles, se trouvant tout-à-coup exposées à l'air, sortaient de l'état d'engourdissement où elles étaient plongées auparavant.» La même chose a lieu lorsqu'on abat les forêts ou qu'on remue des terres long-temps en friche : des graines, demeurées intactes durant des siècles, se développent et présentent le spectacle singulier d'une végétation quelquefois inconnue dans les lieux qu'elle recouvre.

Voici, d'après Adanson, le temps que certaines plantes mettent à lever : lèvent en un jour, le millet, le froment ; 3, épinard, fève, haricot, navet, rave ; 4, la laitue ; 5, le cresson, melon, concombre ; 6, raifort, poirée ; 7, l'orge ; 9, pourpier ; 10, le choux; 30, l'hyssope; 40 ou 50, le persil ; un an, l'amandier, pêcher, pivoine ; 2 ans, rosier, aubépine, etc.

Développement de la graine. — Lorsque la graine se trouve dans le concours des circonstances favorables, telles que l'humidité, la chaleur, le contact de l'air atmosphérique, etc., l'ombilic en reçoit les premières impressions et les communique, à l'aide des vaisseaux, aux cotylédons, qui se dilatent; insensiblement, l'albumen se délaie et se change en émulsion laiteuse qui nourrit la plantule; les téguments de la graine se déchirent, et l'on voit sortir deux parties liées par leur base qui s'allongent en sens inverse (*fig.* 5 et 7). Une qui tend à descendre s'appelle *radicule*, et formera bientôt la racine; l'autre, qui tend à s'élever, se nomme *plumule*, et formera la tige. Le point de jonction de ces deux parties s'appelle *collet* ou *nœud vital*. Jusqu'à ce que la racine ait pris assez de force pour nourrir la plantule, elle reçoit sa nourriture des cotylédons, que Dieu a donnés aux végétaux, comme il a donné aux animaux le lait et l'albumine pour la nourriture de leur enfance. Aussi, si l'on supprimait les cotylédons peu après la germination, la plante périrait de langueur.

Quelle que soit la position d'une graine, la plumule et la radicule prennent toujours la même direction; elles décriraient même plusieurs lignes courbes pour n'en point changer.

Néanmoins, dans un âge plus avancé, si l'on enfonce certaines branches dans la terre et que les racines restent en dehors, les premières se changent en racines et les secondes se couvrent de feuilles. On peut surtout vérifier ce fait sur le saule (*salix*), le figuier (*ficus*), etc.

QUATRIÈME CLASSE.

En déchirant ses téguments, l'embryon nous a présenté deux organes complexes bien distincts : la radicule, destinée à soutenir la plante et à la nourrir des sucs qu'elle trouvera dans le sein de la terre, et la plumule, qui donnera une tige, des feuilles, des fleurs et des fruits pour sa reproduction. De là, nous pouvons diviser les organes complexes en organes de *nutrition* et en organes de *reproduction*.

ARTICLE QUATRIÈME. — *Organes de nutrition.*

Les organes de nutrition sont : la racine, la tige, les feuilles et les supports.

§ I. — DES RACINES.

La racine est cette partie du végétal qui tend toujours vers le centre de la terre, qui ne verdit jamais, même quand elle est exposée à la lumière. Il n'est aucune partie d'un végétal qui ne puisse produire des racines, comme le prouve le marcottage. Les racines peuvent aussi donner un végétal : je l'ai éprouvé avec succès pour l'amandier *(amygdalus)*, le *(datura arborea)*, trompette du jugement, etc. (Expliquer les changements qui s'opèrent alors dans l'organisation.)

Les racines sont ou blanches, ou jaunes, ou rouges, selon les sucs qu'elles reçoivent des tiges ou du sein de la terre, et auxquels elles font subir une nouvelle élaboration : c'est ce qui donne quelquefois aux fleurs des couleurs fort différentes de leurs couleurs primitives. Ainsi, il n'est aucun amateur d'horticulture qui n'ait obtenu des fleurs d'hortensia (*hydrangea hortensia*) d'un bleu céleste, en mettant dans la terre de l'ocre ou de la limaille de fer. De l'élaboration particulière de chaque organe naissent aussi des propriétés dissemblables et même contraires; v. g., dans la pomme de terre (*solanum tuberculosum*), la racine en est très saine, et la tige et le fruit contiennent des principes malsains.

La racine des plantes dicotylédones est composée d'une écorce, où dominent le tissu cellulaire et les vaisseaux tubuleux ; elle contient peu de fibres. Vers le collet, on observe que le tissu cellulaire est plus abondant ; il remplit les fonctions d'organe de la respiration.

Dans les monocotylédones, l'organisation des racines est la même que celle de la tige : la partie fibreuse est divisée en filets, qui enveloppent le tissu cellulaire ou parenchyme.

Les fonctions des racines sont d'absorber les sucs de la terre, par le moyen des racines nouvellement poussées, lesquelles sont garnies d'un chevelu qui porte à son extrémité un petit renflement qui sert de suçoir ; de telle sorte que les grandes racines sont destinées à fixer l'arbre, et les petites seulement le nourrissent. Les racines servent aussi d'organes excrétoires. «La terre, dit Brisseau-Mirbel, qui entoure les racines devient onctueuse et prend une couleur plus foncée, preuve non équivoque qu'elle s'imbibe des sucs que la plante rejette... » C'est aux excrétions de la racine qu'il faut peut-être attribuer souvent l'espèce d'antipathie qu'on observe entre certaines plantes, qui ne se trouvent jamais ensemble. Les sympathies paraissent dues aux mêmes causes : il est des végétaux qui semblent se chercher et se suivre. Ce phénomène est si connu des botanistes, que la rencontre d'une plante est quelquefois pour eux l'indice certain de la présence d'une autre qu'ils n'aperçoivent pas encore. Dans un champ de fèves, de pois, etc., il est presque impossible de ne pas trouver l'orobanche *(obolaria ramosa)*. (Entrer dans des détails relatifs aux départements de la Provence ; appliquer ce principe à plusieurs observations relatives aux assolements, aux plantations mélangées et aux plantations isolées de certaines plantes et de certains arbres.)

En général, les racines sont implantées dans la terre ; il en est qui flottent au milieu de l'eau lorsque les plantes vivent à sa surface ; d'autres se fixent sur les rochers et les vieux murs ; quelques-unes, appelées parasites, enfoncent leurs racines dans l'écorce de certains arbres et vivent à leurs dépens ; v. g. le guy *(viscum album)*, qui, en Provence, s'attache aux amandiers et les fait périr. Les diverses plantes grasses que l'on greffe sur les cactus-raquette, cylindrique, deviennent plantes parasites. Il est une foule de plantes grasses, v. g. les crassules, les cactus, les raquettes, plusieurs aloës, qui poussent des racines sans être en contact avec la terre. Ces plantes abondent en suc, et la seule humidité atmosphérique leur suffit pour laisser croître des racines plus ou moins longues. J'en ai même vu fleurir une espèce, qui était suspendue avec un fil de fer, dans un lieu seulement ombragé.

Les racines ont encore une tendance énergique à se diriger vers les endroits humides, ou vers ceux qui leur offrent un terrain chargé d'une plus grande quantité d'humus (on nomme ainsi les détritus des plantes); aussi les voit-on quelquefois, pour atteindre ces lieux plus favorables à la végétation, traverser des murs très épais, détruire des canaux ou des citernes, se diriger dans les fentes des rochers et prendre des formes bizarres. J'ai vu une racine d'amandier d'un centimètre d'épaisseur aussi large qu'un éventail.

Dans le tableau (*planche* 1re), j'ai décrit la direction que prennent les racines et le nom généralement adopté des formes qu'elles prennent. On pourrait considérablement le réduire, surtout si l'on admet l'opinion de quelques botanistes, qui ne regardent les tubercules que comme des amas de matières nutritives formés du tissu cellulaire et de vaisseaux pleins de fécule, plutôt que comme des racines; on peut alors faire disparaître les racines tuberculeuses, auxquelles on pourrait joindre les grumeleuses, parce que celles-ci ont beaucoup d'analogie avec les tubercules des orchis : les dernières n'ont que deux tubercules, tandis que les premières en ont un plus grand nombre ; les unes et les autres ont, en outre, de petites racines chevelues pour les alimenter. Du reste, quelque opinion que l'on embrasse, il est bon de conserver cette distribution des racines, parce qu'elle renferme des caractères constants, qui peuvent servir à déterminer une plante.

On observera que les racines rameuses n'ont été placées parmi les fibreuses, quoiqu'elles fassent une division à part, que pour ne pas embrouiller la figure.

CINQUIÈME CLASSE.

§ II. — DES TIGES.

La tige représentée dans l'embryon par la plumule, est cette partie de la plante qui repose sur le collet et qui porte les organes de sa reproduction. Elle prend un nombre infini de formes : quelquefois elle semble se confondre avec le collet, v. g. la primevère ; ici elle rampe et se cache, v. g. la violette (*viola odorata*) ; là elle s'élève majestueusement en colonne, v. g. le cyprès chauve (*cupressus calvus*), ou se divise en une multitude de rameaux vigoureux, v. g. le chêne-vert (*quercus ilex*), eouve de Provence, etc.

Les plantes dicotylédones et les monocotylédones ont des tiges qui diffèrent essentiellement soit par leur organisation intérieure, soit par leur aspect extérieur. Il sera plus facile de faire ressortir ces différences en les développant, qu'en voulant les fixer par une définition.

Des tiges dicotyledones.

On distingue trois sortes de tiges dicotylédones : la hampe, la tige et le tronc.... Les tiges dicotylédones sont encore ou herbacées ou ligneuses.

Tiges herbacées.—On dit qu'une tige est herbacée lorsqu'elle est tendre, verte et périt chaque année avant de durcir. La plante à laquelle elle appartient s'appelle *herbe*, v. g. le fenouil (*anetuum fœniculum*), la reine-marguerite (*aster sinensis*). Lorsque la tige herbacée n'a pas de ramifications, elle prend le nom de *hampe*, v. g. le pissenlit (*leontodon*), la paquerette (*bellis perennis*), etc. Quelques botanistes ne regardent pas les hampes comme des tiges, parce qu'elles sont nues et dépouillées de feuilles; ils rangent ces végétaux parmi les *acaules*, c. à d. sans tige visible; ils placent alors la véritable tige au plateau souterrain auquel les racines sont adhérentes. Les tiges herbacées peuvent être fistuleuses, v. g. la scille maritime (*scilla maritima*), le narcisse de Constantinople (*narcissus orientalis*), muguet double de Provence; ou spongieuses : le fenouil (*anethum fœniculum*); ou charnues : cactus grandiflore (*cactus grandiflorus*), les raquettes, etc.

Les tiges herbacées sont composées de deux parties bien distinctes : 1° de l'épiderme, qui est une membrane mince, transparente ; elle contient un tissu fibreux dans les derniers âges de la plante. 2° Un tissu cellulaire ou moëlle interne, qui contient dans les utricules un principe colorant, comme le pigmentum dans le règne animal. C'est ce principe qui, à travers l'épiderme ou *cuticule*, donne la couleur à la tige herbacée ; c'est ce même principe qui fait souvent connaître la couleur des fleurs que produira la plante. Ainsi, dans un semis d'œillets, de balsamines, de reines-marguerites, etc., la jeune tige se colore diversement, et un peu d'habitude fait distinguer la couleur dominante qu'auront les fleurs de chacun de ces plants. Cet épiderme défend aussi le tissu cellulaire et ses sucs de l'injure de l'air et s'oppose à son dessèchement : on sait combien il s'altère si on le déchire.

Tiges ligneuses. — Le *tronc* est la tige ligneuse des arbres qui s'élèvent au-dessus de vingt-cinq pieds : c'est donc l'élévation qui distingue le tronc des tiges *ligneuses proprement dites*, car l'organisation et les parties que l'on y distingue sont les mêmes. Le premier est plus fort, il est couronné de branches vigoureuses chargées de rameaux. La seconde dénomination convient plutôt aux arbustes ; ils sont couronnés de branches plus grêles que les premières : le lilas. Comme les tiges ligneuses présentent une organisation plus compliquée, nous allons entrer dans quelques détails. On y distingue l'*ecorce*, le *corps ligneux* et la *moëlle*.

Écorce. — L'écorce ou corps cortical contient aussi plusieurs parties ; certains arbres en vieillissant offrent une croûte rugeuse sur leur tronc et sur leurs principales branches ; v. g. le pin (*pinus*), l'olivier (*olea europea*), etc. Cette croûte n'appartient presque plus au végétal, puisqu'elle est privée de vie : c'est le reste des anciennes couches des cellules herbacées nées successivement, et repoussées par la force du développement de la tige. La couche que recouvre cette rugosité est le véritable corps cortical. Se trouvant distendue par les nouvelles couches ligneuses qui se forment dans l'intérieur de la tige, elle se déchire ; bientôt elle se dessèche et se durcit par le contact de l'air. Elle tient toujours aux couches corticales inférieures. Quelquefois l'écorce déchirée ne tient pas aux couches inférieures, et alors chaque année elle se détache pour faire place à une nouvelle écorce ; v. g. le platane (*platanus*), le bouleau blanc (*betula alba*), etc. Sous cette croûte désorganisée on trouve la vraie écorce, dont le tissu herbacé est composé de cellules intactes ; cette croûte corticale est de la plus grande importance dans l'acte de la végétation, puisque c'est dans son intérieur que s'opère, par l'action de la lumière, la décomposition des sucs qu'elle contient ; la substance aqueuse laisse échapper son oxigène pendant le jour, et l'acide carbonique pendant la nuit ; et l'hydrogène se combinant avec le carbone forme les huiles, les résines, etc. L'écorce est encore percée de petits points nommés *stomates*. Ces stomates sont d'un très haut intérêt. Je pense qu'ils sont destinés à donner entrée à divers gaz et à l'humidité atmosphérique, puisque si on les recouvre d'un vernis gras, la plante languit et meurt. (Inconvénients de mettre un enduit huileux autour des branches pour les garantir de divers insectes.) On peut dire de ce premier tissu herbacé, ce que nous avons dit dans les tiges des herbes.

Liber. — Sous ce premier tissu on en trouve un second qui est mou et flexible, appelé *liber*, parce que les feuilles qui le composent peuvent se séparer quelquefois comme les feuillets d'un livre. Ce tissu fibreux est croisé en forme de réseau ; il donnera plus tard une nouvelle couche ligneuse.

Le liber jouit d'une grande force vitale qui agit en tout sens ; il est le principal agent dans le développement des végétaux. Si l'on enlève l'écorce dans une partie de la tige ou qu'on la blesse, le liber recouvre bientôt la plaie, forme un bourrelet de tissu cellulaire, et par-dessous une excroissance ligneuse. On le voit sur les arbres qui ornent nos promenades, et qui sont exposés aux insultes des passants. Si l'on coupe horizontalement le tronc de certains arbres, tels que l'olivier, l'amandier, etc., on voit que le liber forme sur le bord de la circonférence un bourrelet, d'où s'échappent une foule de bourgeons qui donnent naissance à de nouvelles tiges. C'est le liber encore qui produit les bourgeons, les branches et les feuilles. Il n'est personne qui n'ait fait des boutures ou des marcottes et qui n'ait observé que c'est le liber qui forme à l'incision ou à l'étranglement un bourrelet d'où s'échappent les premiers filets de racine.

On n'aura plus de peine à s'expliquer maintenant le phénomène de la greffe : tout l'art consiste à mettre en contact le liber du sujet greffé avec celui de la greffe.

Expliquer les diverses greffes : 1° par *approche*, 2° par *fente*, 3° en *couronne*, 4° en *flûte*, 5° en *écusson*, qui peut être à *œil dormant*, 6° à *tige* ; les cinq premières sont connues de chacun, la sixième l'est peu. J'appelle de ce nom une greffe qui consiste à appliquer une tige sur un plant de même dimension, après les avoir l'un et l'autre coupés en sifflet et fendus dans un sens perpendiculaire à la base du cylindre tronqué (voy. *fig.* 7). On les introduit l'un dans l'autre et l'on fait une ligature ; dans peu de temps, ces deux tiges sont liées par l'action du liber, comme dans une branche éclatée que l'on réunit par une ligature.

Quoique ces questions tiennent plutôt à l'agriculture qu'à la botanique, il est important à un botaniste de ne pas ignorer ce que savent tous nos paysans, et qu'il puisse se rendre compte d'un phénomène vu par eux sans intérêt.

On s'est demandé souvent quelle règle on doit suivre pour déterminer sur quel plant on doit faire telle ou telle greffe. Point de règle bien caractéristique n'a été émise ; nous n'avons que l'expérience et l'analogie. Je pense que le *combium*, qui est le suc qui circule entre l'écorce et le bois, doit être le principal agent. En effet, la nature chimique du combium doit varier plus ou moins suivant les espèces. Que l'on applique sur la langue le combium de deux tiges de figuier, la différence sera peu sensible ; il en sera de même si l'on met deux tiges d'amandier, ou d'abricotier, ou de pêcher, etc. Mais que l'on mette une tige de figuier avec une d'amandier, ou une tige de pin avec une de chêne, une tige de saule avec une de poirier, on en sentira bientôt la différence par les diverses impressions que le combium produira sur l'organe du goût. Or, dans le premier cas, les principes chimiques étant à peu près les mêmes, il peut y avoir une combinaison, et l'acte de la végétation n'est point suspendu. Dans le second cas, il y a réaction chimique entre ces combiums, et, par suite, suspension dans l'acte de la végétation, et la désorganisation doit s'ensuivre.

Sur les plantes ligneuses, on peut greffer indifféremment la tige ou la racine ; les herbacées vivaces ne peuvent être greffées que sur racine : la chicorée *(cichorium)*. Les Anglais et les Allemands préfèrent la greffe sur racine.

Le liber en se durcissant se change en aubier, qui lui-même devient bois. C'est ainsi qu'en voyant la coupe de certains arbres on peut, en général, déterminer leur âge ; v. g. le pin *(fig. 2)*. On compte les années d'un arbre par les couches ligneuses qui tranchent vivement avec le *parenchyme* de l'aubier qui les enveloppe. On appelle de ce nom la substance pulpeuse des racines, de la tige et des feuilles. L'aubier diffère de la partie ligneuse du bois par sa couleur, qui est moins foncée et moins dure. Le bois est formé de tubes fibreux plus droits, plus serrés et plus étroits que ceux de l'écorce et de l'aubier.

L'épaisseur, le nombre et la dureté du tissu ligneux dépendent de la nature du terrain, de l'exposition et de mille causes atmosphériques ; ainsi, dans les terrains humides, le bois est moins dur que celui des terrains arides : les fortes gélées empêchent l'aubier de devenir bois, etc.

SIXIÈME CLASSE.

La moëlle. — La moëlle, dans les dicotylédones, est une substance spongieuse formée d'utricules et de vaisseaux peu serrés ; elle est renfermée dans le centre d'un corps ligneux comme dans un étui; sa couleur et sa densité ne sont pas les mêmes dans toutes les plantes. En vieillissant, le tube médullaire disparaît dans les arbres. Entre la moëlle et les couches ligneuses se trouve un liber qui agit en sens inverse du premier, c. à d. vers le centre, ce qui convertit cette même partie en bois, et sa réaction doit tendre à presser les couches excentriques. Aussi, dans leur vieillesse, les arbres perdent le tube médullaire. Cela m'explique comment les planches prises vers le quart du diamètre sont plus dures que celles du centre ou de la circonférence. Plusieurs physiologistes ont prétendu que la partie du bois la plus excentrique était la plus dure, d'autres que c'était la partie la plus rapprochée de la moëlle. L'expérience des artistes confirme mon assertion.

Linnée avait comparé la moëlle des plantes à la moëlle épinière des animaux : cette analogie n'est point exacte, puisque bon nombre d'arbres dont le tronc est creux donnent encore une végétation vigoureuse : les saules, les oliviers, les ormeaux, etc.

C'est dans ce second liber, au voisinage de la moëlle, que se fait l'ascension de la sève. Le liber va aboutir aux grandes racines dans lesquelles il se prolonge. On comprendra mieux à présent que les racines doivent contenir les mêmes organes que les tiges; seulement les fibres ligneuses y sont moins abondantes, et les tubes vasculaires plus nombreux. Chacun sait avec quelle facilité on brise en travers une grosse racine.

Ce système de couches dans les tiges et dans les racines est traversé d'une multitude de lames qui partant du centre vont aboutir à la circonférence (voy. *fig.* 2); elles ressemblent aux lignes horaires d'un cadran; on leur a donné le nom de *rayons médullaires.* Cet organe (la moëlle) composé de cellules et de tubes criblés de pores communique directement avec les vaisseaux longitudinaux; ils sont destinés à conduire les fluides du centre à la circonférence, et de la circonférence à les ramener au centre.

DES TIGES MONOCOTYLÉDONES.

On appelle plantes monocotylédones celles qui ne présentent en naissant qu'une seule feuille séminale, par opposition aux premières, qui en présentent deux. Je parlerai plus tard de celles qui en offrent trois.

On distingue cinq sortes de tiges *monocotylédones :* 1° la hampe, 2° la tige en gaine, 3° le chaume, 4° le stipe, 5° la tige proprement dite.

La hampe, que nous avons déjà fait connaître, se trouve plus fréquemment dans les monocotylédones ; elle est dépourvue de feuilles dans sa longueur, ou si elle en a quelques-unes, elles diffèrent essentiellement des autres : ce ne sont que des folioles, v. g. le lys aspodèle *(hermocalis asphodela).*

Les *tiges en gaine* sont enchassées dans un faisceau de feuilles du centre desquelles s'échappe la tige qui est simple et verticale; ainsi la tige est formée par les feuilles, v. g. le bananier *(musa paradisiaca)*, l'arum pied-de-veau *(calla æthiopica)*.

Les *chaumes* servent de tige aux graminées. Chacun les connaît : v. g. le roseau *(arundo donax)*, canne; mélique rameuse *(melica ramosa)*, bourguignon de Provence ; l'ivraie *(lolium tumulentum)*, le juif des Provençaux.

Le *stipe* est une tige ligneuse, égale dans toute sa longueur ; elle est verticale et couronnée d'un faisceau de feuilles. Cette tige ne peut se séparer en lames concentriques, v. g. le palmier *(phœnix dactilifera)*.

Enfin, les tiges proprement dites, qui sont minces, flexibles et s'entortillent autour des corps qu'elles rencontrent, ou rampent sur la terre, v. g. *(tamus elephantopus)* tame pied d'éléphant, plante rare : elle se trouve au jardin botanique de Toulon.

Les tiges monocotylédones ne présentent plus ni couches corticales ni rayons médullaires, etc., mais seulement une masse de vaisseaux cellulaires appelée parenchyme, qui réunit une multitude de tubes fibreux (voir *fig*. 3) placés verticalement; elles n'ont aussi ni liber ni écorce proprement dite. Le combium se forme autour de chaque tube fibreux et produit ainsi l'accroissement de la tige ; l'écorce n'est qu'un épiderme de même nature que la tige et ne peut s'en détacher que très difficilement.

Les tiges *stipe* et *chaume* offrent quelques phénomènes d'organisation dans leurs développements. Les stipes sont formés dans l'origine d'une rosette de feuilles radicales, leurs bases réunies forment un anneau; de leur centre partent de nouvelles feuilles qui s'épanouissent au dessus des premières et forment un second anneau sur le premier ; peu à peu les anciennes feuilles tombent et laissent à nu le stipe, comme dans le yucca, ou laissentla base de leur pétiole, comme dans le palmier. L'action végétale cessant bientôt d'agir sur l'épiderme, quand les anneaux ou les pétioles sont secs, les sucs ne peuvent plus dilater la circonférence, et portent leur action vers le haut. Voilà pourquoi les tiges monocotylédones sont minces et fort élevées.

Le chaume a quelques rapports avec le stipe, mais il n'est pas terminé par un faisceau de feuilles ; au contraire, les feuilles sont éloignées les unes des autres, et chacune d'elles repose sur une portion de la tige où se trouve un renflement ou nœud qui peut être considéré comme la base des pétioles. Comme ces feuilles ne se forment que successivement, le chaume n'a jamais beaucoup de force mécanique, et la tige est toujours grêle ; elle est enfin couronnée d'un bouquet de fleurs.

En examinant les couches ligneuses, on a pu découvrir à peu près l'âge d'une plante dicotylédone; en comptant les anneaux du stipe, on peut aussi connaître l'âge du stipe.

Nous observerons encore que les racines des monocotylédones n'ont point de pivots ni de fortes racines qui les fixent au sol. Toute cette grande division n'a qu'un amas de filets fibreux attachés au collet de la tige (*voyez fig.* 4).

Lacunes. — Les monocotylédones surtout offrent souvent dans leur tige des lacunes ou espaces vides; presque toutes les graminées offrent ce phénomène. On ne voit pas ce vide dans le premier âge de la plante: le centre de la tige est rempli des vaisseaux médullaires qui concourent au développement de la tige, et ils se dessèchent quand ils ont rempli leur destination : comme, dans le règne animal, les tuyaux de plumes à l'état parfait, en les brisant on trouve le tissu qui contenait cette moëlle.

PLANTES TRICOTYLÉDONES.

Dans divers semis de plantes d'ornement j'ai souvent rencontré de jeunes plants parés de trois cotylédons. J'en fus d'abord surpris; mais bientôt je vis le même phénomène se présenter dans d'autres plantes, v. g. le quarantin violier, la giroflée, l'œillet, le souci, etc. Je les repiquai séparément, et les fleurs que j'en obtins furent doubles. Je consigne l'observation, et je dirai seulement que je crois que les graines qui ont produit ces plants étaient mieux fécondées ou que la force de végétation était plus énergique.

SEPTIÈME CLASSE.

§ III. — DES FEUILLES.

Les feuilles sont la plus belle parure des arbres : si elles n'ont point ordinairement le brillant coloris des fleurs et leurs doux parfums, elles sont plus durables, et la variété de leur forme et de leur couleur offre un tableau ravissant qui jette l'ame dans l'admiration, parce qu'il nous révèle la sagesse et les ressources infinies de Dieu, qui, avec un si petit nombre d'éléments, a pu produire tant de formes variées.

Leur forme. — Les feuilles sont ordinairement formées de deux parties bien distinctes, qui sont : le *petiole*, qu'on nomme vulgairement la queue de la feuille, et la *lame*, qui est ordinairement lisse à sa partie supérieure et le plus souvent velue à sa partie inférieure. Le pétiole communique au tissu cellulaire des rameaux par ses nervures, elles-mêmes entourées d'un parenchyme enveloppé d'un léger épiderme. La lame est composée de tissu cellulaire ou parenchyme et de nervures qui forment en quelque sorte le squelette de la feuille ; le parenchyme lui donne la forme dessinée par les nervures. En suivant cette idée nous allons voir que toutes les feuilles, depuis celles du lilas jusqu'à celles dont les formes sont les plus bizarres, ne sont que des modifications d'une forme primitive.

Les nervures de la feuille, avons-nous dit, en sont le squelette. Si le parenchyme les entoure également, nous obtenons la feuille *simple* et *entière* (*fig.* 1 et 2). On conçoit que cette première forme donne naissance à une foule d'autres formes qui sont plus ou moins allongées en prolongeant ou diminuant les nervures, ou en les rendant parallèles. (Les expliquer de vive voix.) Mais si ces nervures sont trop divergentes pour permettre au parenchyme de se réunir, il en résulte des dentelures, et la feuille s'appelle *dentée* (*fig.* 3). Si les angles formés par la nervure du milieu et celles des côtés sont plus ou moins aigus, le parenchyme qui les suit formera les feuilles *lobées* (*fig.* 4), et *sinuées* (*fig.* 5). Lorsque les fibres se partagent en divergeant à la naissance de la pétiole, la feuille est composée et prend le nom de *palmée* ou *digitée* (*fig.* 6 et *fig.* 9). Si les pétioles naissent à droite et à gauche de la nervure moyenne, on les nomme *pennées*, à cause de leur ressemblance avec les plumes (*pennæ*); elles sont *paires* dans la fig. 7 et *impaires* dans la fig. 8. Le pétiole commun qui reçoit d'autres pétioles d'après le système des feuilles pennées s'appelle bipenné, et la feuille est surcomposée (*fig.* 11). D'après cet aperçu on conçoit comment avec peu de modifications de la même loi, la nature a pu produire cette multitude de variétés dans les feuilles.

Les feuilles des plantes monocotylédones ont une propension à s'allonger et non à se ramifier; en général elles n'ont pas de pétioles bien caractérisées; leurs nervures adhérentes à la tige s'allongent et entraînent le tissu cellulaire; quelques-unes, telles que celles du bananier, de l'hémérocale du Japon (*hemenerocalis japonica*), ont une nervure au milieu de la lame qui en laisse échapper une multitude d'autres ; mais elles sont très fines et disposées presque parallèlement, ce qui empêche toute dentelure et leur donne un contour régulier.

Disposition. — Les feuilles prennent aussi diverses dispositions qui leur ont fait donner des noms particuliers : *Imbriguées* quand elles se recouvrent comme des toits, v. g. la joubarbe des Toulonnais (*sempervivum tectorum*); *distiques* quand elles ont la forme d'un éventail et que les côtés opposés forment un ziz-zag, v. g. l'if, arbre de la Sainte-Baume (*taxus baccata*); *sessile* quand elle n'a pas de pétiole : la saponaire (*saponaria officinalis*); *verticille* lorsque trois ou un plus grand nombre de feuilles naissent à la même hauteur de la tige, v. g. la garance (*rubia tinctorum*); *embrassante* si elle embrasse la tige : (*lamium amplexicaule*); *perfoliée* quand la tige semble traverser la feuille qui est soudée (*fig.* 11) : le buplèvre perfolié (*buplevrum perfoliatum*); *engainantes*, semblent sortir d'un fourreau, v. g. la patience (*rumex*), la pax des Provençaux, les graminées; *connées* quand deux feuilles sont soudées par leur base (*fig.* 12) : le chèvre-feuille (*lonicera caprifolium*). On dit que les feuilles sont *opposées* quand il y en a une de chaque côté de la tige et à la même hauteur, v. g. le lilas (*syringa vulgaris*), le romarin (*rosmarinus*) ; alternes quand elles sont vis-à-vis, mais non à la même hauteur : l'orme (*ulmus campestris*) ; quelquefois elles sont disposées en spirale tout autour de la tige.

Les feuilles sont aussi ou caduques ou persistantes : les premières sont articulées et offrent une interruption du tissu cellulaire entre la tige et la feuille ; elles tombent à la fin de l'été ; les persistantes durent quelquefois plusieurs années et ne tombent que desséchées.

Stipules et bractées. — Les stipules sont de petits organes foliacés qu'on trouve à la base des véritables feuilles, et les bractées sont des organes de même nature qui se trouvent dans le voisinage des fleurs ; quoique de même nature que les feuilles, elles en diffèrent par la forme et par la couleur.

Fonction des feuilles. — Outre la riche parure que les feuilles donnent aux plantes, elles sont encore pour elles des organes de nutrition. Les stomates nombreux dont leur épiderme est percé, les poils, les duvets qui les recouvrent sont autant de canaux par lesquels les feuilles absorbent les vapeurs et le gaz qui se balancent dans l'atmosphère ; elles sont, suivant l'expression de Brisseau-Mirbel, de vraies racines aériennes. Aussi les amateurs d'horticulture n'ignorent pas que l'on ravive bientôt les plantes affaissées par un soleil brûlant en n'arrosant que leur tige avec le peigne d'un arrosoir.

Les feuilles présentent encore un des phénomènes les plus capables de nous faire comprendre la profonde sagesse de Dieu dans la destination des plantes : c'est l'absorption du gaz acide carbonique qui dans la journée se combine avec les vapeurs de l'athmosphère ; il est produit en quantité par la combustion, la respiration, la putréfaction, etc. Ce gaz aurait bientôt vicié l'air atmosphérique. Eh bien ! les plantes l'absorbent par leurs feuilles et nous donnent en échange, pendant le jour, du gaz oxigène, seul favorable à la vie, puisque les premiers chimistes qui le connurent l'appelèrent *air vital*. Aussi est-ce une chose très saine de planter des arbres dans l'intérieur des villes. Après avoir décomposé pendant le jour le gaz acide carbonique, ils conservent le carbone pour former leur partie ligneuse, leurs résines, leurs huiles, etc.; pendant la nuit, ils rejettent l'excédent.

La lumière, la chaleur et l'humidité exercent une grande action sur les feuilles. Les feuille cherchent à présenter leur surface supérieure au soleil ; si l'on tord une branche ou si l'on expose un vase disposé de manière que dans les deux cas il n'y ait que la partie inférieure qui s'offre à une vive lumière, bientôt les feuilles se contournent sur leur pétiole et prennent leur première direction. Pendant la pluie, les feuilles simples qui ont une certaine circonférence redressent leur pétiole et prennent la forme d'une oublie, l'eau coule par le pédoncule sur le tronc et tombe à terre. La nature a voulu ainsi ménager l'eau et donner de l'humidité aux racines des grands arbres, qui, sans cette prévoyance, ne seraient jamais arrosées. Les feuilles composées ne pouvant pas servir de toit aux racines ne prennent pas cette direction ; au contraire, leurs folioles s'abaissent, et la rosée céleste pénètre toutes les parties de la plante.

Les divers mouvements que les feuilles opèrent à la chûte du jour, s'appellent *sommeil des feuilles*.

HUITIÈME CLASSE.

§ IV. — DE DIVERS ORGANES QUI ACCOMPAGNENT LES TIGES OU LES FEUILLES.

Vrilles.— Certaines plantes, dont la tige trop débile ne leur permet pas de conserver la direction verticale, sont munies de quelques organes particuliers pour suppléer à leur faiblesse. Tantôt ce sont des griffes à l'aide desquelles elles se soutiennent ou contre un mur ou contre un arbre ; ces griffes sont des amas de petites racines formées par l'écorce du bois, v. g. le lierre (*hedera helix*). Quelquefois ce sont de longs filets qui entourent les corps qu'ils rencontrent ; on les nomme *vrilles*, v. g. la vigne (*vitis vinifera*), le houblon (*humulus lapulus*). Même organisation ques les pétioles ; ils sont persistants.

Des epines et aiguillons. — Les épines et les aiguillons naissent ou sur les tiges ou sur les feuilles ou sur les fleurs. Ces organes diffèrent essentiellement. Les épines sont un prolongement de la partie ligneuse et ne peuvent se détacher sans blesser l'arbre, v. g. le févier d'Amérique (*acacia triacanthos*), l'aubépine (*cratægus oxiacantha*). Duhamel les compare aux cornes des taureaux, aux becs des oiseaux qui ont pour noyau une excroissance osseuse. Les épines sont couleur d'or et font un très bel effet sur les nervures des feuilles du solanum de Madagascar.

Les aiguillons sont placés sur l'écorce et peuvent facilement en être détachés ; ils laissent une empreinte de leur base, v. g. le rosier églantier (*rosa eglantieria*), la ronce (*rubus idæus*).

Duhamel les compare aux ongles de l'homme et des quadrupèdes, qui paraissent être une continuation de la peau. Nous verrons, en effet, plus tard, dans l'anatomie comparée, que ce ne sont que des poils composés.

Les épines annoncent une nature sauvage. Plusieurs plantes les perdent par la culture ; plusieurs variétés d'orangers, de poiriers, de pommiers, le prunier sauvage, etc. La culture adoucit leur naturel.

Des poils. — Les poils des végétaux sont de petits filets qui naissent sur son épiderme. Ils apparaissent sous mille aspects : ils sont cotonneux, soyeux, rudes, etc. Ils sont formés par le prolongement du tissu cellulaire. Ce sont des organes absorbants, ils se laissent très facilement pénétrer par la chaleur et par l'humidité, qui sont réfléchies lorsque la surface est lisse ; aussi les jeunes feuilles sont plus velues que les anciennes, parce que, faisant une plus grande dépense par la transpiration, elles ont plus à récupérer que les anciennes. La même plante cultivée dans un terrain aride est plus velue que si elle est cultivée dans un terrain humide ; elle a plus de besoin de réparer ses forces. Les poils sont aussi des organes excrétoires ; il en découle des sucs de différentes natures. On pourrait les comparer aux dents de la couleuvre ou au dard de la guêpe, qui sont placées sur des glandes : à la moindre pression, le venin renfermé dans la glande s'échappe et pénètre l'objet piqué. C'est à un suc corrosif renfermé dans l'ortie commune (*urtica urens*) que l'on doit la violente démangeaison qu'elle cause après quelle vous a piqué, puisqu'on ne sent pas la piqûre elle-même.

Des galles. — On voit sur les feuilles ou sur la tige de quelques plantes des excroissances plus ou moins grandes, de forme sphérique, que l'on serait tenté de prendre pour une graine ou pour un fruit ; on les connaît sous le nom de *galles*, de *loupes* ou de *verrues*. Ces excroissances d vent leur origine à un insecte ordinairement a qui avec sa tarière perce l'épiderme et dép dans le tissu cellulaire des œufs. Les sucs vég taux se portent autour de la plaie ; les épid mes se relèvent et forment une habitation pc la colonie. Ainsi la galle du chêne blanc doit naissance au cynips-quercus. Celle du chên kermès, autrefois si cultivé dans les environs Toulon, où il était d'un grand revenu, jusques 1400, est due au kermès. Les rosiers ont au leurs cynips qui les piquent et produisent d galles, etc. Les verrues qui depuis 1821 attaque les jeunes oliviers d'une manière si effrayant sont également dues à la piqûre d'un moucher dont les larves se nourrissent des sucs du libe On les trouve en coupant ces verrues. Les verru peuvent aussi être produites par des coups donn sur l'écorce, par la chûte de la grêle, ou par instrument : dans ce cas, il n'y a pas d'insect c'est seulement un épanchement du combium.

NEUVIÈME CLASSE.

ARTICLE CINQUIÈME. — *Organes de reproductior*

Une foule de circonstances concourent co stamment à la destruction des êtres organique qui, en effet, après une durée plus ou moi longue, finiraient par disparaître. Quelques vég taux, il est vrai, peuvent se reproduire par l drageons qui s'échappent de leurs racines, v.

l'orme, le mûrier de la Chine, etc.; et d'autres dont les branches courbées en voûte poussent des racines en touchant la terre, et deviennent de nouvelles plantes, v. g. le saule pleureur *(satix babylonica)*. Parmi les animaux invertébrés, plusieurs se reproduisent de la même manière; mais ces moyens sont trop lents pour réparer les ravages de la mort: d'ailleurs, le plus grand nombre d'individus ne peuvent se reproduire de cette manière. La Providence divine a donc dû prendre des moyens plus courts et plus sûrs pour conserver l'œuvre de sa création; elle a atteint son but en les dotant d'organes générateurs: elle a donc établi des sexes dans les plantes comme dans les animaux. Quelquefois les deux sexes sont réunis sur le même individu, il est dit alors *hermaphrodite;* d'autres fois, ils se trouvent sur deux individus, on les nomme alors *unisexuels;* mais autant les individus hermaphrodites sont communs dans le règne végétal, autant ils sont rares parmi les animaux: Dieu l'a ainsi réglé, parce que les plantes fixées au sol n'ont aucun mouvement de locomotion et n'auraient pu remplir les vues du Créateur, tandis que les animaux peuvent se rechercher. La Providence avait encore en vue de former la société des familles et assurer plus efficacement la conservation de leur progéniture.

Les fleurs renferment les précieux organes régénérateurs de la plante.

§ I. — DES FLEURS.

C'est donc aux fleurs que la nature a confié le soin de reproduire leur espèce. Quelques-unes cependant, telles que les mousses, les fougères, les champignons, etc., n'en offrent point, et à cause de cela on les a nommées cryptogames. Mais, par analogie, quoique les organes de réproduction soient cachés, nous ne pouvons pas néanmoins nier qu'ils existent, moins brillants, il est vrai, que les fleurs qui parent nos jardins, mais d'une manière qui leur est propre. Du reste, on a fait bien des découvertes à ce sujet, lesquelles nous démontrent que les tâches que l'on considère sous les feuilles des fougères, des capillaires, des lycopodes, étaient de vrais organes de reproduction ; il est aussi démontré que le petit cornet appelé *coiffe*, que l'on trouve sur certaines mousses, renferme les organes de fructification. Cette grande classe, moins attrayante que les autres, a été aussi moins étudiée ; elle laisse un riche domaine à cultiver.

Observations générales sur les fleurs.

La fleur prend différents noms, suivant le mode d'*inflorescence* qui la tient à la tige : elle est *pédonculée* si elle est portée sur un pédoncule ; *sessile* si elle n'en a point ; en *épi* le froment, en *chaton* le noyer, en *cône* le pin, en *thyrse* le lilas, en *corymbe* la millefeuille (*achillea tomentosa*), en *panicule* l'avoine, en *ombelle* l'angélique (*angelica sylvestris*), en *capitule* clerodendron (*volkameria japonica*), *verticille* sarriette (*satueria juliana*), poivre-d'âne, etc.

Six choses entrent dans la composition des fleurs : le réceptacle, le calice, la corolle, les étamines, les pistils et le fruit. Toutes les fleurs n'ont point ces six organes, il en manque dans quelques-unes ; on les nomme fleurs *incomplètes :* au moins portent-elles toujours quelqu'un des deux sexes floraux. Les premières s'appellent fleurs *complètes*.

Du réceptacle. — Le réceptacle est la partie du pédoncule sur laquelle reposent l'ovaire ou la fleur ; il varie beaucoup pour la forme : il est charnu et concave dans l'artichaut (*cynara*) ; il est plat dans le tourne-sol (*helianthus annus*) ; garni de paillettes dans les anthemis, bouton d'argent ; en forme de massue (*spadix*) dans les arums, etc.

Le réceptacle est *propre* quand il ne soutient qu'une fleur ou qu'un fruit : l'œillet, l'oranger, etc. ; il est *commun* dans les fleurs composées, c. à. d. formées d'un grand nombre de fleurons, qui réunis ne forment qu'une fleur, v. g. le zinnia multiflora, la verge d'or (*solidago virga aurea*), nasquo des Provençaux.

Du calice. — La partie extérieure du réceptacle prolongé donne naissance à une ou plusieurs follicules qui servent immédiatement à enveloppe aux organes de la fleur. Nous n'entrerons pas dans les questions agitées par des botanistes célèbres pour savoir si, lorsqu'il n'y a qu'une série de ces follicules adhérentes à l'écorce du support, on doit l'appeler périanthe simple, ou si l'on doit dire que la fleur est privée de *calice*, v. g. la tulipe, le lis, etc., ou si le périanthe double doit seul prendre le nom de calice. Nous nous fixerons à cette dernière opinion. Le *calice* n'est donc que la partie extérieure qui recouvre la corolle ou les organes générateurs. Dans ce cas, il peut être retranché sans nuire à la fleur, v. g. l'œillet. Il ne faut cependant pas confondre le calice avec les membranes qui enveloppent certaines fleurs, comme le *spathe* des narcisses, la raffle, la glume des graminées, le *volva* du champignon, etc. Ces diverses membranes sont toujours transparentes et fort délicates, tandis que le calice est plus persistant; il est ordinairement de couleur verte et un peu succulent.

Le calice est monophylle quand il n'est formé que d'un seul feuillet, lors même qu'il soit denté, crénelé ou découpé; diphylle, pavots (*papaver*); tetraphylle dans les crucifères (*siliquosæ*); pentaphille dans le rosier (*rosa*). L'état de chacun des phylles se trouve exprimé dans le distique suivant :

Quinque sumus fratres, quorum duo sunt sine barba,
Sunt duo barbati, sum semibarbus ego.

Quelques botanistes emploient les noms de *monophydes*, *diphydes*, etc., pour désigner que le calice a un ou plusieurs feuillets, etc. ; et ils appliquent les noms de *monophylles*, etc., pour désigner que le calice renferme une ou plusieurs fleurs.

Le calice est encore *supère* quand l'ovaire est placé sous le réceptacle ; dans ce cas, le calice se change en fruit, v. g. le rosier, le myrte (*myrtus communis*), le grenadier (*punica granatum*), etc. ; *infère* lorsque l'ovaire est placé au-dessus du réceptacle ; le pistil se change en fruit : les labiées, le caprier. Ces deux expressions ne sont peut-être pas très propres, comme l'observe Ventenat : car le calice naît toujours de la base de l'ovaire ; mais elles forment deux caractères bien distincts, c'est pourquoi nous les conservons.

La *corolle* est la partie de la plante qui porte plus particulièrement le nom de fleur : c'est là que la végétation étale toute la richesse de ses couleurs, l'élégance et la variété de ses formes, et la suavité de ses parfums.

La corolle, presque toute formée de tissu cellulaire, est toujours fort aqueuse et ne donne pas d'oxigène. Les botanistes qui pensent que le calice n'est qu'un prolongement de l'épiderme regardent la corolle comme un prolongement du liber.

La corolle est composée de deux parties : les *petales* et le *nectaire*.

Nectaires. — Il est impossible de donner une définition exacte des *nectaires :* leur manière d'être est trop variable ; on peut dire que tout ce qui n'est ni pétale, ni pistil, ni étamine, est *nectaire.* J'en signalerai quelques-uns pour faciliter la connaissance des autres. Ici ce sont des fossettes placées sous l'onglet, v. g. la renoncule ; ou un tube qui termine la corolle : laurier-rose (*nerium*); dans le lys (*lilium*), c'est une fente longitudinale de la base au milieu des pétales ; tantôt c'est un éperon dans la capucine(*tropœolum majus*), une triple couronne dans la grenadille (*passiflora*); le plus souvent ce sont des glandes surmontées de petits tubes. Ces organes séparent ou contiennent une substance mielleuse appelée *nectar.* C'est dans cette substance que les papillons plongent leur trompe délicate, pour soutirer comme avec un chalumeau cette liqueur dont ils sont très friands, et que les abeilles recueillent la partie la plus précieuse de leur miel.

Petales. — Le pétale est une feuille mince, colorée, composée de nombreux vaisseaux et d'un tissu cellulaire très pulpeux. On distingue trois choses dans les pétales : le *limbe*, qui est la partie supérieure du pétale; l'*onglet* en est la partie inférieure, par laquelle le pétale est fixé sur le réceptacle ; il est très long dans l'œillet et fort court dans les roses. L'espace compris entre l'onglet et le limbe s'appelle *lame.*

Lorsque un seul pétale forme toute la corolle,

la fleur s'appelle *monopetale ;* dans ce cas, la corolle peut être enlevée, et l'onglet est un tube. Lorsque les pétales qui forment la fleur sont séparés, elle est *polypétale*. Quelques fleurs sont privées de corolles, on les nomme *apetales*. C'est d'après la considération des corolles que le célèbre Tournefort a établi sa méthode, dont nous parlerons bientôt.

La manière d'être de la corolle par rapport à l'ovaire lui fait prendre divers noms : elle est *perigyne* quand la corolle est autour, v. g. la campanule, le rhododendrum ; *épigyne* quand elle naît dessus l'ovaire, v. g. le grand-soleil (*hélianthus annus*), le chèvre-feuille, la scabieuse (*scabiosa arvensis*) ; *hypogyne* dessous l'ovaire : le chou, le liseron (*convolvulus*), l'œillet (*dianthus*).

A la fin de la première partie de ce cours, j'exposerai avec quelques détails la méthode de Tournefort, parce qu'elle nous fournira le moyen de bien étudier les corolles ; elle nous rendra familiers avec une multitude de familles qui viendront se grouper à celles de Linnée et à celles de Jussieu ; leur connaissance nous aidera dans la recherche de celles qui nous seront inconnues.

ONZIÈME CLASSE.

DES ÉTAMINES ET DES PISTILS.

Les fleurs peuvent manquer, et manquent en

effet, dans plusieurs classes, de calice et même de corolle; mais elles ne manquent jamais *d'étamines* et de *pistils*. Si elles en manquaient, les fleurs ne seraient qu'une vaine parure que la Providence aurait placée sans destination, puisque leur absence empêcherait la reproduction de l'espèce.

Des etamines. — Les étamines sont la partie de la fleur qui représente le sexe mâle dans la génération des plantes ; leur forme n'est pas moins variable que les autres parties du végétal. Elles sont ordinairement composées de trois parties : le *filet*, l'*anthère* et la *poussière fécondante*.

Le *filet* manque dans quelques plantes, v. g. le narcisse ou muguet des Provençaux *(narcissus)*, etc. Cet organe peut être comparé aux vaisseaux spermatiques des animaux : c'est par lui que les sucs qui doivent déterminer la fécondation sont portés aux anthères. Les filets sont cylindriques dans l'œillet; il en est qui sont élargis en forme d'écailles ; d'autres sont semblables à des cônes et à des tridents; quelquefois ils sont réunis en faisceaux, v. g. les pelargoniennes *(geraniums)*. Un seul filet peut soutenir aussi plusieurs anthères, v. g la fumeterre *(fumaria officinalis)*.

L'*anthère* est une capsule qui contient la poussière fécondante; elle est portee par le filet.

L'anthère est quelquefois fixe, le plus souvent mobile; elle a une ou plusieurs cavités. Lorsque l'anthère est parvenue au degré de maturité nécessaire, la membrane de cette capsule s'ouvre, la poussière s'échappe et féconde la semence.

Poussière. — Elle s'échappe quelquefois avec violence pour remplir les vues de la Providence. Après la fécondation on voit la partie supérieure du pistil couverte de ce pollen. Dans les plantes monoïques et dioïques, l'anthère jouit d'une plus grande élasticité pour aller féconder le pistil, et le moindre vent supplée à son ressort et la fait voler au loin.

Il y a beaucoup de rapports entre les étamines et la corolle; les végétaux soumis à la culture nous offrent souvent des étamines plus ou moins développées en lames pétaloïdes avec de tels caractères, qu'il est impossible de méconnaître que ces nouveaux pétales devaient, selon leur destination première, servir d'étamines. La culture a même fait disparaître en partie ou en totalité les étamines d'un grand nombre de fleurs; ces fleurs sont appelées *doubles* ou *pleines*, selon qu'elles ont perdu une partie de leurs étamines ou la totalité. Le petit nombre d'étamines qui restent sur les fleurs doubles peuvent quelquefois féconder les graines; mais celles des fleurs pleines ne sont jamais fécondées. Ces plantes sont de vrais monstres qui, comme dans le règne animal, ne peuvent se reproduire; elles n'étaient point présentes lorsque Dieu bénit la terre et lui dit : *Croissez et multipliez*. Ces plantes de luxe sont propagées par le marcotage, les boutures, la greffe, etc. L'homme se charge d'en conserver l'espèce, comme il s'était aidé à les produire.

Quelques fleurs n'ont qu'une étamine, d'autres deux, etc. Lorsque le nombre dépasse douze, il n'est plus fixe, tandis qu'il est constant dans la même espèce quand les étamines ne dépassent pas douze. Ces observations font la base du système de Linnée. (Développer.)

Du pistil.—Le pistil est la partie de la fleur que les botanistes regardent comme l'organe femelle ; il occupe le centre de la fleur ; sa forme est une espèce de mamelon surmonté d'un stylet percé dans la partie supérieure. Trois parties principales composent le pistil : la partie inférieure, ordinairement renflée, se nomme *ovaire*, parce qu'elle renferme les semences; la partie moyenne s'appelle *style*, et la supérieure *stigmate*. Les pistils forment des soudivisions dans le système de Linnée. (L'expliquer.)

De l'ovaire. — L'ovaire des plantes remplit les fonctions de l'*uterus* des animaux ; il contient les ovales ou les jeunes graines, qui sont attachées dans l'ovaire à ses parois, ou à une colonne qui prend le nom de *placenta*, par un filet qui peut être comparé au cordon ombilical. Un ovaire ne contient quelquefois qu'une seule graine, v. g.

l'amandier ; d'autres fois il en renferme plusieurs et même plus de trente mille, v. g. le pavot. L'ovaire tantôt n'a qu'une cavité : la balzanie *(impatiens)*; tantôt elle en offre plusieurs, v. g. l'oranger, etc.

Du style.—Le style est un filet creusé en tuyau par le moyen duquel la poussière fécondante parvient à l'ovaire, avec lequel il se confond quelquefois. C'est toujours par le nombre des styles que l'on compte les pistils, et non par celui des stygmates, puisque une fleur peut porter plusieurs stygmates et n'avoir qu'un pistil. L'existence du style n'est pas absolument nécessaire, puisqu'on trouve des fleurs, v. g. la tulipe, qui en sont dépourvues. Le stygmate repose alors immédiatement sur l'ovaire.

Stygmate. — Le stygmate, lorsqu'il y a un style, est ordinairement placé à son sommet ; lorsqu'il n'y en a pas, il est placé sur l'ovaire. Il est formé par l'extrémité de plusieurs vaisseaux qui prennent naissance aux cordons ombilicaux; il prend une infinité de formes, de directions et de grandeurs : ce n'est qu'un point dans l'*œillet*, c'est une massue dans les *arums ;* il est orbiculaire dans l'*epinette-vinette*, étoilé dans le *pavot*, en hameçon dans le *lantana*, ombilique dans l'*amandier*. Sa fonction est de recevoir la poussière des anthères ; aussi, presque toujours le stygmate est couvert de mamelons ou de poils. Au moment de la fécondation, on voit filtrer autour de lui une liqueur gluante qui fixe ces poussières et donne aux stygmates la couleur des anthères.

DOUZIÈME CLASSE.

FÉCONDATION.

Les organes sexuels des fleurs étant bien connus, faisons quelques considérations qui leur soient communes.

Les fleurs dont la corolle renferme des étamines et des pistils s'appellent *hermaphrodites* ou *monoclines*, parce que les deux sexes se trouvent sur le même individu. L'hermaphrodisme est aussi commun dans les plantes qu'il est rare dans les animaux, parce que, comme nous l'avons déjà observé, ces derniers sont doués de la faculté de locomotion dont ne jouissent pas les fleurs. Lorsqu'une plante porte des fleurs où se trouvent séparément les étamines et les pistils, elle est appelée *monoïque*, de deux mots grecs qui signifient une seule maison, c. à. d. que les deux sexes sont sur la même plante sans être sur la même fleur : le chêne, le noyer, le noisetier, le concombre, le melon, la courge, toutes les cucurbitacées sont monoïques. Les plantes dont les fleurs mâles sont portées sur un individu et les fleurs femelles sur un autre s'appellent *dioïques*, qui veut dire deux maisons. Les fleurs monoïques et dioïques sont aussi appelées *diclines*, parce que les étamines et les pistils sont renfermés dans deux corolles séparées. Parmi les plantes dioïques on cultive surtout le palmier, le pistachier *(therebinthus vera)*, le saule, etc.

La position des fleurs monoclines sur leur tige, n'est point livrée au hasard, elle doit concourir pareillement à la fécondation du fruit ; aussi voit-on ordinairement que les fleurs, dont le style est plus court que les étamines, sont droites : dans cette position, les anthères, en s'épanouissant, laissent tomber la poussière sur le stygmate. Célles dont le style dépasse un peu les étamines sont penchées ; enfin, lorsque le pistil est beaucoup plus court que les étamines, les fleurs sont inclinées vers la terre, quelquefois même le style se courbe vers les étamines, et va toucher les anthères. Dans les plantes monoïques, les fleurs mâles s'ouvrent avant celles qui portent l'ovaire, afin que la poussière acquière la fermentation convenable au moment que les anthères se déchireront; elles sont en outre placées un peu au-dessus. La fleuraison des plantes dioïques a toujours lieu à la même époque, et jamais un individu femelle ne reste stérile sur le sol natal. Le vent emporte les poussières et peut féconder l'ovaire à une très grande distance.

Les abeilles et une foule d'insectes ailés qui viennent chercher une nourriture délicate dans le calice des fleurs, emportent sur leurs tarses une quantité de pollen qu'ils déposent sur les fleurs femelles dont il vont sucer les nectaires, et concourent ainsi à leur fécondation.

Les plantes aquatiques, dont les fleurs sont ordinairement cachées dans l'eau, présentent à l'époque de la fécondation des phénomènes fort singuliers : v. g la vallisnérie *(vallisneria spiralis)*, qui croît dans le Rhône et dans plusieurs rivières d'Italie, est dioïque ; les fleurs femelles, attachées à un long support roulé en spirale, surnagent avant d'être fécondées, tandis que la fleur mâle n'a qu'un support très court ; sur le point de s'épanouir, elle se détache de la plante et vient éclore à la surface de l'eau ; la fleur femelle se féconde, et la spirale s'étant contractée, la fleur femelle se plonge dans l'eau pour mûrir son fruit.

Le phénomène de la fécondation des fleurs que nous venons d'étudier, repose sur tant d'observations et d'expériences, qu'il est impossible désormais de le révoquer en doute ; on est même parvenu à opérer des fécondations artificielles qui ont parfaitement réussi. A Berlin il existait un palmier femelle qui chaque année donnait beaucoup de fleurs et pas un seul fruit ; on fit venir de Dresde des rameaux de palmier mâle en fleur ; on les secoua sur l'individu femelle, qui porta des fruits pour la première fois. Il est important de ne point enlever les fleurs mâles des cucurbitacées, comme je l'ai vu faire à certains paysans au moment qu'ils taillaient ces plantes ; ignorant le phénomène de la fécondation, ils faisaient disparaître ces fleurs, qui n'ont pas d'ovaires, comme ne devant pas donner des fruits, et par conséquent inutiles.

Nous pouvons aussi nous rendre compte à présent pourquoi la récolte court grand danger d'être perdue, lorsqu'il fait des pluies au moment de la fleuraison, pourquoi un petit vent est très favorable à la même époque. (Développer de vive voix.)

Pour certains arbres dont les fleurs sont très nombreuses et les étamines en petit nombre, tels que l'olivier, etc., il serait très avantageux, pour favoriser la fécondation, de louer des hommes pour les faire secouer : on gagnerait bien au-delà de la dépense, les fruits n'en seraient que plus beaux, et l'on ferait tomber les corolles qui forment un petit tas de fumier sur chaque tige, dans lequel se loge l'insecte qui pique l'olive.

Après la fécondation, les parties qui composaient la fleur se dessèchent et tombent, et les sucs se portent en abondance sur l'ovaire, qui alors se développe et prend le nom de fruit.

TREIZIÈME CLASSE.

ARTICLE SIXIÈME. — *Du Fruit.*

Lorsque l'ovaire a été fécondé, il grossit, parvient à sa maturité et peut reproduire son espèce; il prend alors le nom de *fruit*. Le fruit est donc le pistil mûr. Si l'ovaire n'est pas fécondé, il se flétrit et ses germes périssent. Même résultat dans les œufs à coque mince non fécondés : v.g., les œufs de papillon, peu de jours après avoir été pondus, se flétrissent et perdent leurs formes sphériques. Autre analogie entre ces deux règnes.

Deux choses sont renfermées dans le fruit : l'enveloppe, qui se nomme *péricarpe*, et la graine, qui s'appelle *semence*. On comprend dans le péricarpe l'enveloppe générale des graines et les divers appendices extérieurs, tels que les ailes, les aigrettes, etc. On doit remarquer aussi le *funicule* ou *cordon ombilical*, au moyen duquel la graine adhère au péricarpe, et le *placenta*, qui est le bourrelet interne du péricarpe, auquel les graines sont attachées. On distingue aussi trois parties dans le péricarpe : 1° l'*épicarpe*, qui correspond à l'épiderme des animaux ; 2° le *mesocarpe*, qui correspond au derme, qui dans certains fruits est charnu, comme dans la pêche, l'abricot, etc. ; 3° l'*endocarpe*, qu'on peut comparer aux os : c'est une membrane quelquefois mince, mais quelquefois dure, épaisse et même osseuse, qui enveloppe la cavité qui renferme la graine.

Le mésocarpe adhère avec force à l'endocarpe dans certains fruits; v. g. le haricot, le pois, etc.; il se détache facilement dans l'amande, la noix, etc.

Les fruits peuvent être *simples*, *composés*, *multiples*, ou *agregés*.

On appelle fruits *simples* ceux qui ne sont formés que d'un seul *carpelle*, c. à. d. d'une enveloppe qui ne renferme qu'un seul embryon, v. g. la pêche. Les fruits *composés* sont ceux dont les carpelles verticellés se soudent entre eux plus ou moins, et forment des cloisons qui renferment des graines, v. g. le lys. Enfin, les *fruits multiples* sont ceux qui résultent de la réunion de plusieurs carpelles isolés provenant de la même fleur, v. g. la ronce, la fraise.

Les fruits sont dits *agregés* quand ils sont formés de plusieurs fleurs distinctes, dont il ne semble résulter qu'un seul fruit, v. g. le figuier, la mûre, le fruit du platane, celui du sapin, du cyprès et de tous les conifères.

Les carpelles des divers fruits diffèrent par le mode de plicature qui est propre à chacun d'eux, par le nombre de *cloisons* qu'ils forment, et par leur manière de s'ouvrir, qui les rend *dehiscents* ou *indehiscents*; les premiers sont ceux qui s'ouvrent d'eux-mêmes à leur maturité, v. g. les amandes, les pois, etc.; les seconds sont ceux qui ne s'ouvrent pas d'eux-mêmes, v. g. la cerise, la pêche, etc.

Linnée distingue huit espèces de fruits : la *capsule*, la *coque*, la *silique*, la *gousse*, le *fruit à noyau*, le *fruit à pepins*, la *baie* et le *cône*.

La *capsule* est une enveloppe charnue et succulente avant sa maturité, composée de panneaux, qui, en mûrissant, deviennent secs et élastiques. Il est des capsules d'une seule pièce, on dit qu'elle est *univalve*, v. g. les pivoines, les delphinelles, etc.; elle est *bivalve* quand elle en a deux : les digitales; *trivalve* si elle en a trois: l'iris, le lys, etc. La capsule s'ouvre de diverses manières : par le haut dans les pavots, les œillets, etc.; par le bas dans les campanules, et en travers dans le mouron. On considère encore dans la *capsule* le nombre de ses cavités, qu'on nomme loges. Elle est *uniloculaire* quand elle n'en a qu'une, v.g. la violette; *biloculaire* quand elle en a deux, v. g. jusquiames, etc.

La *coque* ou *follicule* est un péricarpe membraneux à un seul panneau qui s'ouvre du bas en haut comme un cornet et sert d'enveloppe à la graine. Ce second péricarpe est dépourvu de sutures apparentes: l'asclépias.

La *silique* est une capsule à deux valves, et à deux sutures longitudinales; les graines sont alternativement attachées à l'une et à l'autre valve, et les deux valves sont ordinairement séparées par une cloison parallèle aux valves, v. g. les violiers, etc. Lorsqu'il n'y a pas de cloison et que les graines sont attachées à une seule suture, la silique prend le nom de légume ou gousse, et les battants s'appelient cosses, v. g. les haricots, la gesse odorante (*latyrus odoratus*), pois de senteur.

Le *fruit à noyau* ou *drupe* renferme sous un péricarpe charnu, succulent, un endocarpe osseux; sa superficie présente souvent la suture de deux valves, qui se séparent dans quelques espèces ; ainsi les fruits du cerisier, du pêcher, etc., sont des drupes. Lorsque le sarcocarpe est fibreux et coriace plutôt que charnu, il prend le nom de *brou* ; et le fruit, celui de *noix*, v. g. le noyer, l'amandier.

Les *fruits à pepins* sont composés d'une pulpe charnue contenant au centre des cloisons membraneuses qui renferment une enveloppe coriace que l'on nomme *pepins ;* v.g. le pommier, le poirier, le néflier, etc.

La *baie*, fruit mou, charnu, succulent, rarement sec, qui ne s'ouvre point et renferme des semences nues. Si l'on y rencontre des loges, elles ne sont pas membraneuses : la groseille, le raisin, la mûre, la fraise sont des baies.

Le *cône* est composé d'écailles ligneuses imbriquées qui recouvrent une ou deux graines qui portent une membrane mince appelée aile. Les écailles remplissent les fonctions de péricarpe. Il est ainsi nommé à cause de sa forme ordinaire, v. g. le fruit du pin, du cyprès, etc.

QUATORZIÈME CLASSE.

Nous terminerons la première partie de ce cours par l'exposé du système de Tournefort. Après Columelle et Pline, qui nous ont laissé des traités d'agriculture plutôt que de botanique, pendant l'espace de quatorze cents ans aucun auteur n'a écrit directement sur la botanique. Les médecins arabes cultivèrent la médecine avec une sorte d'éclat, mais ce qu'ils ont dit sur les plantes se rattache plutôt à leur substance qu'à leur organisation et à leur forme distinctive; aussi, dans leur nomenclature, ne considérant que leurs propriétés médicales, ils jetèrent la science dans un plus ténébreux chaos. A la renaissance des lettres, l'étude des plantes prit faveur; mais l'on voulut marcher sur les traces des anciens, et la botanique ne fit encore que des pas fort lents.

Enfin Tournefort, né à Aix, en Provence, en 1656, se livra dès sa jeunesse a l'étude des plantes. Après avoir ramassé un riche herbier sur les montagnes de Provence, du Languedoc, du Dauphiné, des Alpes, de Catalogne et des Pyrénées, il fut nommé professeur au jardin du roi en 1683, et en 1694 il publia les *Eléments de Botanique*. Cet illustre botaniste introduisit dans la science des principes sages et lumineux pour établir des classes et des genres. Actuellement que le nombre des plantes connues est presque triplé, plusieurs caractères de sa méthode ne peuvent plus être admis; mais un grand nombre de ses familles se rattachent en entier aux classes des méthodes les plus modernes. C'est ce qui me détermine à l'exposer. Sa grande simplicité le rendra bientôt familier, et ce sera un grand pas dans l'étude des autres systèmes.

Tournefort a divisé toutes les plantes en vingt deux classes, qui découlent de plusieurs autres

METHODE DE TOURNEFORT.

TOUTES LES PLANTES SONT :

						Classe
Herbes à fleurs	pétalées	simples	monopétales	régulières	campaniformes	1
					infundibiliformes	2
				ou		
				irrégulières.	personnées	3
					labiées	4
			ou			
			polypétales.	régulières	cruciformes	5
					rosacées	6
					ombellifères	7
					caryophyllées	8
					liliacées	9
				ou		
				irrégulières.	papillonacées	10
					anomales	11
		ou				
		composées			flosculeuses	12
					demi-flosculeuses	13
					radiées	14
	ou					
	apétalées				à étamines	15
					sans fleurs	16
					sans fleurs ni fruits	17
ou						
Arbres ou arbustes à fleurs	apétales				apétales proprement dits	18
					amantacés	19
	ou					
	pétalés	monopétales			monopétales	20
		polypétales.	réguliers		rosacés	21
			irréguliers		papillonacés	22

subdivisions. Il les a d'abord séparées en herbes, et en sous-arbrisseaux, ou arbres. Cette distinction, qui paraissait alors très naturelle, n'est plus admissible, aujourd'hui que le nombre des plantes connues s'est considérablement augmenté.

Les fleurs des herbes et des arbres ont des pétales ou en sont privées. Dans les premières, les fleurs sont simples ou composées. Les fleurs simples (il entend par fleurs simples, celles qui n'ont qu'un réceptacle propre) sont ou monopétales ou polypétales. Les fleurs monopétales sont ou régulières ou irrégulières. Les fleurs monopétales régulières forment deux classes : 1° les *campaniformes*, c. à d. qui ressemblent à une cloche, à un bassin ou à un grelot : le liseron, l'asclépias, le concombre, le caille-lait, etc.; 2° les *infundibiliformes*, c. à d. en forme d'entonnoir; elles ont le limbe non dentelé ou dentelé en roue, v. g. le tabac, la belle-de-nuit, le bouillon-blanc, la morelle, etc. Les monopétales irrégulières forment deux autres classes : les *personnées* et les *labiées;* la différence de ces deux classes est dans les semences : les premières sont renfermées dans une capsule qui a ordinairement la forme d'une tête, v. g. le mufle-de-veau, l'orobanche, etc.; et, dans les labiées, le fruit est composé de quatre graines en croix sur le réceptacle, v. g. la sauge, la menthe, le lamium.

Les polypétales régulières forment cinq classes : 1° les *cruciformes* ou fleurs en croix, et le fruit est une silique ou silicule, v. g. le violier, la rave, le thlaspi (*bursa pastoris*); 2° les *rosacées* ou fleurs en rose, composées de cinq ou d'un nombre indéterminé de pétales disposées en rose (faire sentir tout ce que ces caractères ont de vague), v. g. le pavot, la grenadille, le ciste, la rue, le caprier, l'aigremoine, etc.; 3° les *ombellifères* ou fleurs en ombelle, portées par de longs pédoncules qui partent d'un centre commun, et divergent comme les rayons d'un parasol ; chaque fleur a cinq pétales, et le fruit deux graines accolées, v. g. le persil, la ciguë, la berle, le fenouil, etc. ; 4° les *cariophyllées* ou fleurs en œillet, v. g. l'œillet, le lin, etc. ; 5° les *liliacées* ou fleurs en lys, calice composé de trois ou de six pétales, et les graines sont renfermées dans une capsule de trois loges, v. g. l'iris, le lys, la tulipe, etc.

Les fleurs polypétales irrégulières forment deux classes : 1° les *papillonacées* ou *légumineuses*, et les *anomales*. Les *papillonacées* sont composées de quatre pétales; celle qui occupe la partie supérieure s'appelle *étendard;* on trouve par-dessous deux pièces latérales qui s'appellent *ailes;* on a donné au quatrième pétale qui couvre et défend le centre de la fleur le nom de *nacelle* ou *carène*, à cause de sa ressemblance avec la carène d'un vaisseau. Le fruit est un légume, v. g. la lentille, le pois, la fève, etc. 2° Les *ano-*

males sont des fleurs simples d'une forme bizarre, v. g. la violette, l'aconit, le pied-d'alouette, la pensée, etc.

Les fleurs polypétales composées forment trois classes : 1° les *flosculeuses* ou fleurs à fleurons, v. g. le chardon, l'artichaut, le seneçon, l'absinthe, etc. ; 2° les *semi-flosculeuses* ou fleurs à demi-fleurons composés d'une corolle monopétale en languette, v. g. le pissenlit, la chicorée, etc. ; 3° les radiées ou fleurs en soleil, c. à d. de fleurons au centre, de demi-fleurons à la circonférence, v. g. le soleil, l'œillet d'Inde (*tagetes*), la paquerette, le souci, etc.

Les herbes *apétales à fleurs avec étamines* forment la quinzième classe : la patience, la blète, le sarrazin, la massette, etc.; la seizième, les apétales *sans fleurs* et qui portent leur semence sur le dos des feuilles, v. g. les fougères, le lichen, etc.; et la dix-septième classe, les apétales *sans fleurs ni semence apparentes*, v. g. les mousses, les champignons, les algues, etc.

Les fleurs des arbres sont ou *apétales* ou *pétalées*. Les apétales sont ou *apétales proprement dites*, c. à d. celles qui ne sont pas portées sur des châtons, v. g. le caroubier, le buis, le figuier, etc.; ou *amentacées*, c. à d. disposées en châtons, v. g. le noisetier, le chêne, le pin, le mûrier, le saule, etc. Les fleurs pétalées des arbres sont ou *monopétales* ou *polypétales*. Les monopétales suivent les mêmes caractères qui ont servi de base pour les fleurs, en les réunissant en une seule classe, v. g. l'arbousier, l'olivier, le viorne, le lilas, etc.

La vingt-unième classe renferme les arbres à *fleurs rosacées*, mêmes caractères que la sixième classe des herbes, v. g. le fustet, le sumac, l'oranger, le pommier, etc.

La vingt-deuxième et dernière classe renferme les arbres à fleurs papillonacées ou légumineuses, v. g. l'arbre de Judée, le cytise, etc.

FIN DE LA PREMIÈRE PARTIE DU COURS.

planche 1

TABLEAU 1.

de la direction et de la forme que prennent
les diverses parties qui concourent à former les racines.

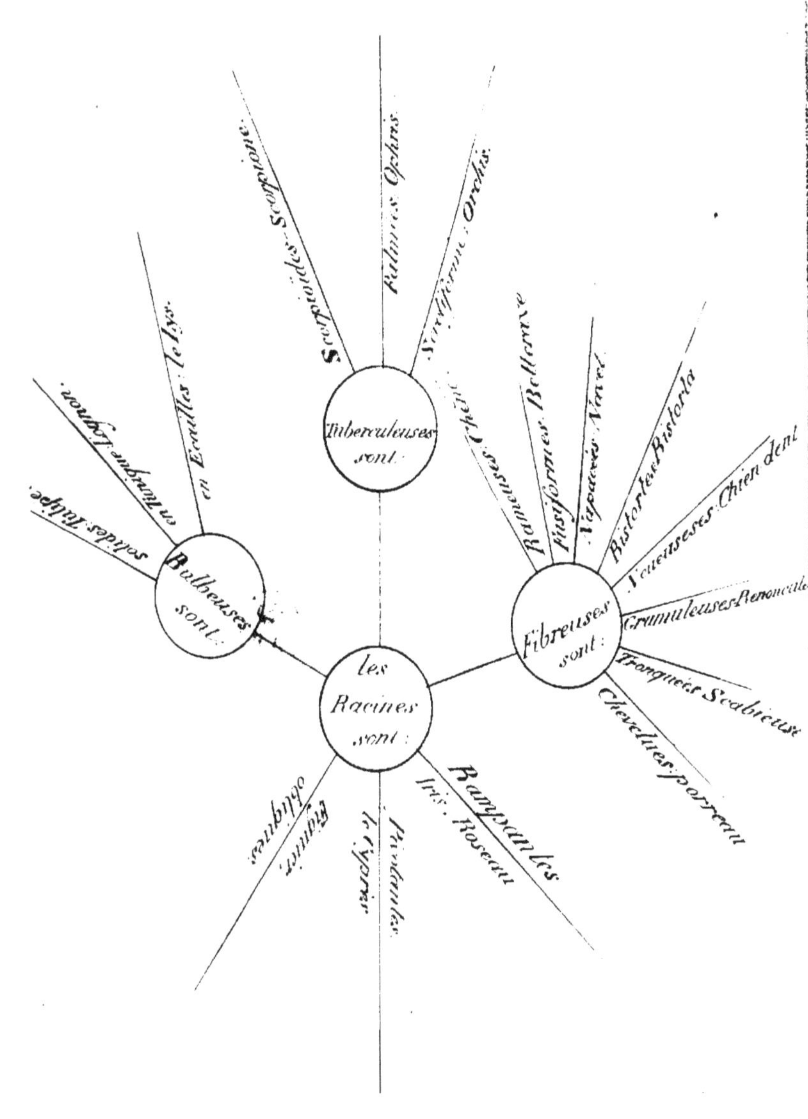

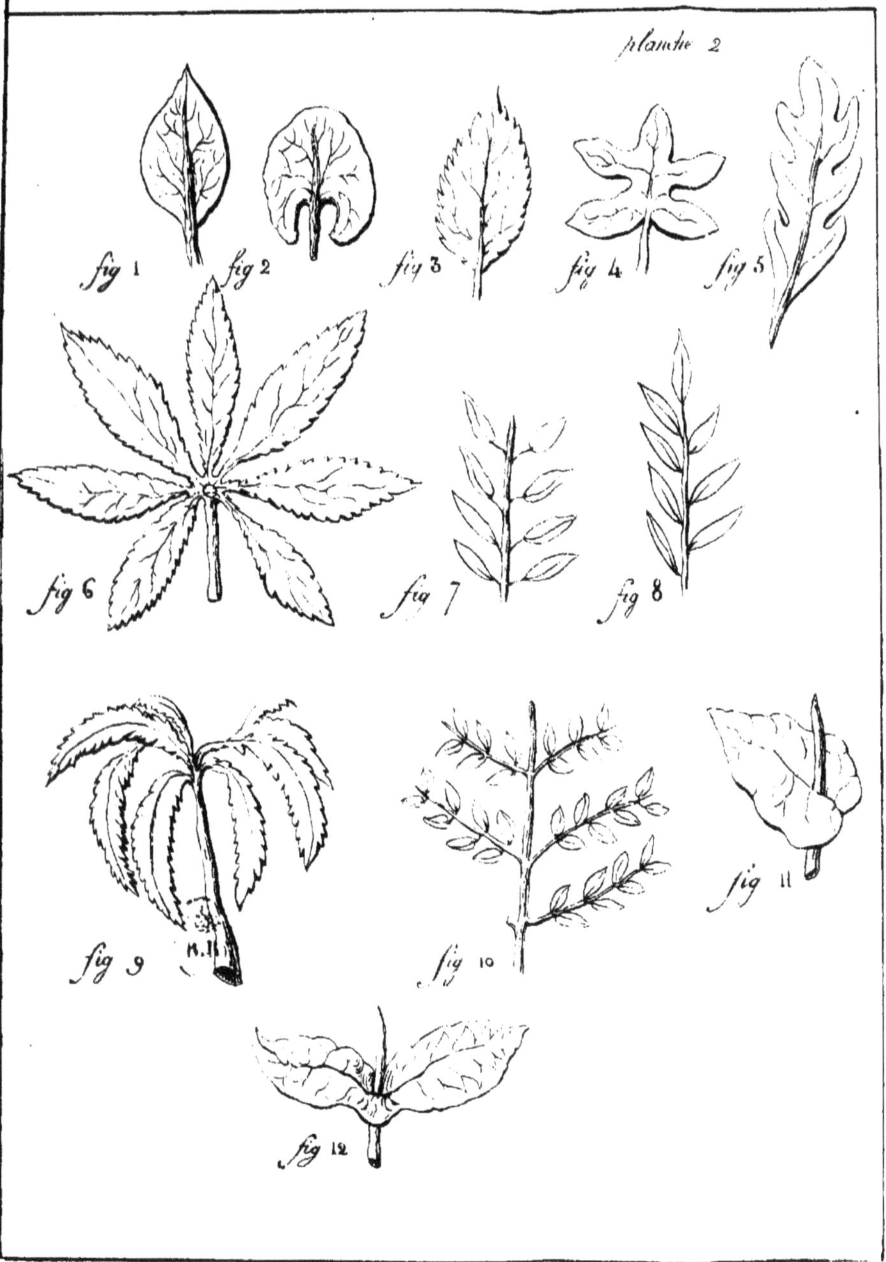
planche 2
fig 1
fig 2
fig 3
fig 4
fig 5
fig 6
fig 7
fig 8
fig 9
fig 10
fig 11
fig 12

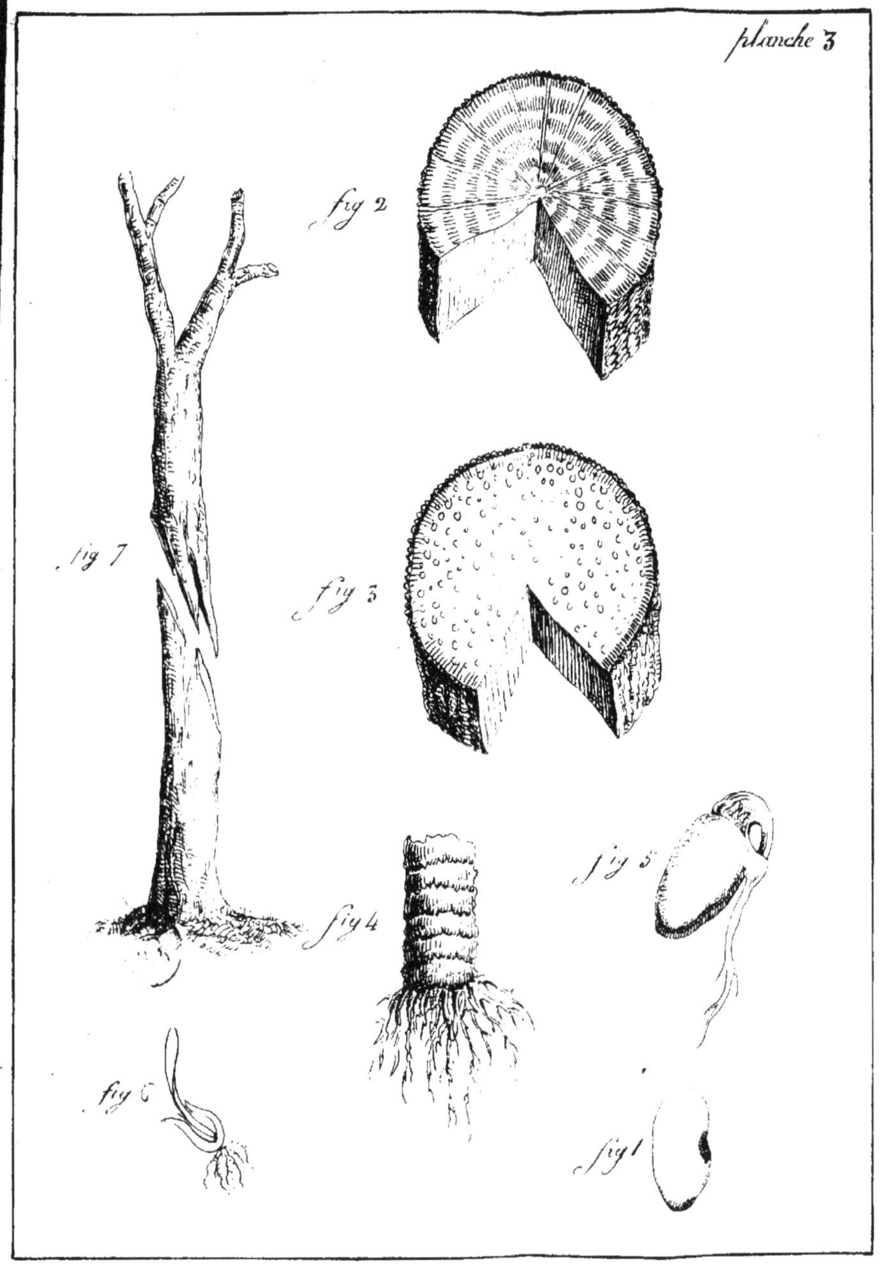
planche 3
fig 2
fig 7
fig 3
fig 5
fig 4
fig 6
fig 1

www.ingramcontent.com/pod-product-compliance
Ingram Content Group UK Ltd.
Pitfield, Milton Keynes, MK11 3LW, UK
UKHW020353180726
13839UKWH00003B/1071